BEI GRIN MACHT SICH IHR WISSEN BEZAHLT

- Wir veröffentlichen Ihre Hausarbeit,
  Bachelor- und Masterarbeit

- Ihr eigenes eBook und Buch -
  weltweit in allen wichtigen Shops

- Verdienen Sie an jedem Verkauf

Jetzt bei www.GRIN.com hochladen
und kostenlos publizieren

Christin Armenat

Aus der Reihe: e-fellows.net stipendiaten-wissen

e-fellows.net (Hrsg.)

Band 1408

Die Wirkung von Düngemitteln auf Kressepflanzen

GRIN Verlag

Bibliografische Information der Deutschen Nationalbibliothek:

Die Deutsche Bibliothek verzeichnet diese Publikation in der Deutschen National-
bibliografie; detaillierte bibliografische Daten sind im Internet über http://dnb.d-
nb.de/ abrufbar.

Impressum:

Copyright © 2013 GRIN Verlag GmbH
Druck und Bindung: Books on Demand GmbH, Norderstedt Germany
ISBN: 978-3-656-97405-5

Wirkung zweier verschiedener Düngemittel auf Kressepflanzen

Christin Armenat

Landrat-Lucas-Gymnasium

Q1 Biologie Leistungskurs 1

Schuljahr 2012/2013

Inhaltsverzeichnis

Inhaltsverzeichnis...2

1. Einleitung..3

2. Versuch..4

    2.1 Versuchsbedingungen..4

    2.2 Versuchsmaterial..4

    2.3 Versuchsaufbau..5

    2.4 Versuchsdurchführung...5

    2.5 Versuchshypothese...6

3. Beobachtungen...7

    3.1 Beobachtungen am Tag der Aussaat (1. Tag)...7

    3.2 Beobachtungen am 5. Tag..7

    3.3 Beobachtungen am 10. Tag..7

    3.4 Beobachtungen am 14. (letzten) Tag..7

4. Auswertung...8

    4.1 Grundlagen der pflanzlichen Nährstoffaufnahme.....................................8

    4.2 Auswertung der Referenzprobe...9

    4.3 Auswertung der Rindenmulchprobe...9

    4.4 Auswertung der Blaukornprobe...10

5. Folgen von Düngemitteln für unsere Welt..10

    5.1 Vorteile von organischem Dünger..11

    5.2 Nachteile von organischem Dünger..11

    5.3 Vorteile von mineralischem Dünger...11

    5.4 Nachteile von mineralischem Dünger...12

6. Schluss..12

7. Literaturverzeichnis...14

    Textquellen (Bücher)..14

    Textquellen (Internet)...14

    Bildquellen..14

Anhang...15

1. Einleitung

Welches Düngemittel wirkt am besten, wie wirken Düngemittel überhaupt und sind sie nicht vielleicht sogar eigentlich schädlich für die Umwelt oder die Pflanzen an sich? Dies sind nur drei der Fragen, die ich mir vor Beginn meiner Facharbeit gestellt habe und die ich nun anhand meiner empirischen Arbeit zu beantworten hoffe. Das Interesse für dieses Thema rührt daher, dass ich bereits vor längerer Zeit einen Artikel in einem Online-Magazin gelesen hatte, der davon handelte, dass den meisten Kräutern Düngemittel schaden. Nun sollte man nicht alles, was man hört oder liest, glauben, weswegen ich diese ungewöhnliche Behauptung überprüfen wollte. Dabei stand für mich allerdings fest, dass die Ansicht des Artikelverfassers unmöglich richtig sein konnte und es ging mir ursprünglich darum, diese These zu widerlegen. Immerhin verwenden die Menschen Dünger bereits seit über fünftausend Jahren zur Verbesserung des Pflanzenwachstums. Wieso sollte also diese Errungenschaft der Menschheit bei Kräuterpflanzen nutzlos sein?

Um Antworten zu erlangen, habe ich zuerst einen Versuch ausgearbeitet, der sowohl einen Vergleich darstellen als auch die gewöhnlichen Wirkungsweisen der beiden am öftesten verwendeten Düngemittelkategorien aufzeigen soll. Im Folgenden werde ich diesen Versuch zunächst beschreiben und meine Hypothesen und Beobachtungen nennen. Darauf wird eine Erläuterung der beobachteten Vorgänge auf molekularer und ökologischer Ebene folgen, aus welcher auch eine Überprüfung der Hypothese hervorgehen wird.

Im Schluss meiner Facharbeit ist abschließend auch eine Evaluation enthalten, aus welcher die konkrete Antwort auf meine Ausgangsfragestellungen hervorgeht. Im Mittelteil gehe ich dagegen unter anderem auch auf die Grundlagen des Pflanzenwachstums und die zu erwartende Wirkung an Pflanzen ein, die nicht zur Gattung der Kräuter gehören.

Düngemittel werden grob in zwei Kategorien unterteilt. Auf der einen Seite gibt es die Dünger auf Stickstoffbasis (mineralische Dünger), welche das Pflanzenwachstum von innen heraus fördern. Auf der anderen Seite stehen jene Düngemittel, die nicht auf Stickstoff basieren (organische Dünger), solche wie Rindenmulch, die das Pflanzenwachstum eher von außen beeinflussen. Im folgenden Versuch wird je ein Dünger jeder Kategorie stellvertretend für alle dieser Kategorie verwendet, um den Versuchsaufbau so einfach wie möglich zu halten, da andernfalls zu viele unabhängige Variablen ein klares Ergebnis aufgrund der eingeschränkten Messgenauigkeit, erzeugt durch die begrenzten mir zur Verfügung stehenden Mittel außerhalb eines professionellen Labors, verhindern würden.

2. Versuch

2.1 Versuchsbedingungen

Der folgende Versuch soll zeigen, wie Stickstoff- beziehungsweise Nichtstickstoffdünger unter „Standardversuchsbedingungen"[1] auf Kressepflanzen wirken. In der Biologie verwendet man üblicherweise die ATPS-Bedingungen („ambient temperature, pressure, saturated"), unter welchen gilt: T = Zimmertemperatur, p = Luftdruck und $p(H_2O)$ = Wasserdampfsättigung.

Diese Abweichung von den in der Chemie verwendeten Standardbedingungen ist aus zwei Gründen notwendig. Zum einen wäre die bei diesen Bedingungen vorgesehene Temperatur von 273, 15 K, also 0 °C, unvorteilhaft für einen Versuch, bei dem das Wachstumsverhalten von Kresse untersucht werden soll, da Kresse bei einer so niedrigen Temperatur nicht gedeihen kann. Zum anderen ist es mir mangels Kühlkammer oder Ähnlichem auch nicht möglich, eine Umgebung mit einer konstanten Temperatur von 0 °C zu schaffen.

Abb. 1: verwendete Kressesamen

2.2 Versuchsmaterial

Zur Durchführung benötigt man drei gleichgroße Blumenübertöpfe (Volumen ca. 572 Kubikzentimeter bei einem Zylinder mit r=4.5 cm und h=9 cm), einen dünnen Holzstab, Sand als nährstoffarmen bzw. nährstofffreien Boden (ca. 269 Kubikzentimeter pro Topf), drei Untertöpfe aus Plastik mit einem Fassungsvermögen von etwas mehr als 269 Kubikzentimetern (Zylinder mit r= 3.5 cm und h=7 cm), Blaukorn als (mineralischen) Stickstoffdünger[2], Rindenmulch als organisches Düngemittel, 10 ml Leitungswasser pro Tag für jeden Topf und 60 Samen (20 pro Topf) der

---

[1] http://de.wikipedia.org/wiki/Standardbedingungen, Zugriff: 24.1.13/ 19.24 Uhr
[2] 14% Gesamtstickstoff (6% Nitratstickstoff, 8% Ammoniumstickstoff)

Gartenkresse (Lepidium sativum[3]) (siehe Abb. 1). Die genauen Zahlenangaben sind im späteren Verlauf wichtig.

2.3 Versuchsaufbau[4]

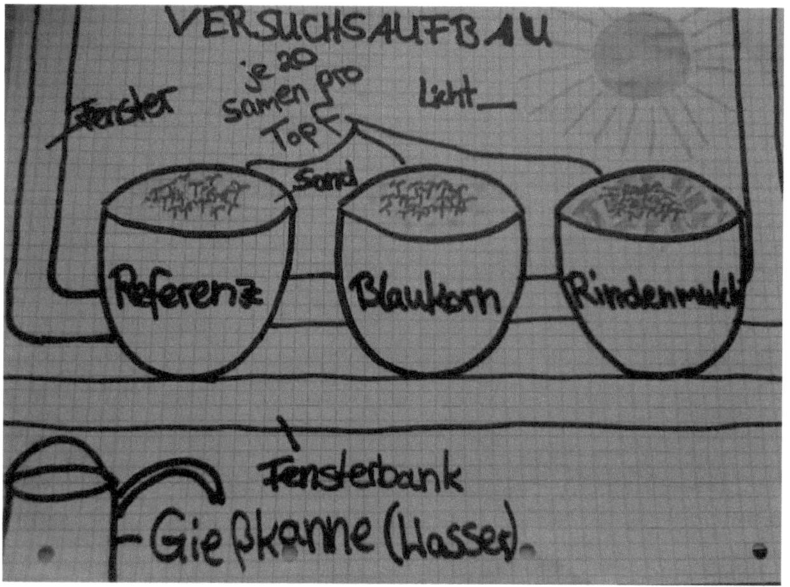

Abb. 2: Versuchsaufbauskizze vom 26.2.13: Die Blumentöpfe mit den Kressesamen stehen auf einer Fensterbank, um optimale Lichteinstrahlung zu garantieren.

2.4 Versuchsdurchführung

Als erstes stellt man je einen Untertopf aus Plastik in einen Übertopf. Danach füllt man jene fast bis zum Rand mit Sand (ca. 269 Kubikzentimeter pro Topf), welchen man zuvor beispielsweise einem Sandkasten entnommen hat. In den Sand eines jeden Topfes werden mit einem dünnen Holzstab 20 drei Zentimeter tiefe Löcher gebohrt. Pro Loch wird ein Samen eingepflanzt, sodass in jedem Topf 20 Samen und somit 20 potentielle Kressepflanzen enthalten sind. Die drei Töpfe platziert man nun an einem Fenster in einem Raum mit „normaler" Raumtemperatur (um die 21 °C).

Jeder Topf erhält von diesem Zeitpunkt an jedem Tag um die gleiche Uhrzeit eine Flüssigkeitszufuhr von 10 ml Leitungswasser. Das Experiment hat eine Gesamtdauer von vierzehn Tagen.[5] Während der

---

[3] von Heintze: 2006, Seite 177

[4] Obwohl die Versuchsskizze nach Beendigung des Versuchs angefertigt wurde, enthält sie keinerlei Auskunft über die tatsächliche Größe oder das Aussehen der Pflanzen zu einem bestimmten Zeitpunkt der Versuchsdurchführung. Sie soll lediglich der Verbesserung des Verständnisses der generellen Anordnung der Versuchsmaterialien dienen.

[5] 14 Tage sind auf der Verpackung der Kresse als Wachstumsdauer angegeben (siehe Anhang „pflanzliches Material")

Zeit, in der die Pflanzen wachsen, achtet man auf das Fortschreiten des Wachstums und dokumentiert wichtige Phasen (ca. alle 4-5 Tage). Sobald die Pflanzen die ausreichende Höhe von ungefähr fünf Zentimetern erreicht haben, werden die Düngemittel eingesetzt. Diese Höhe ist notwendig, da einerseits der Rindenmulch den Pflanzen das Erreichen der Oberfläche erschweren würde, solange diese noch nicht durchdrungen wurde und andererseits der Samen zu Beginn des Wachstumsprozesses so viele Nährstoffe enthält, dass ohnehin so gut wie keine aus der Umgebung aufgenommen werden. Der Rindenmulch, der in Leverkusen gesammelt wurde, muss vor seinem Einsatz in kleinere Stücke zerteilt werden, um besser in den für ihn vorgesehenen Blumentopf zu passen. Er wird über die Sandoberfläche verteilt, ohne dass die Pflanzen von ihm niedergedrückt werden.

Zu den Pflanzen des zweiten Blumentopfs werden fünf Gramm Blaukorn aus einem herkömmlichen Gartenfachhandel hinzugefügt. Diese Menge habe ich festgelegt, da sie die kleinstmögliche war, die ich abwiegen konnte und ich nur mit genauen Mengenangaben arbeiten will. Korrekt wäre gewesen, die auf der Verpackung des Düngers für einen Quadratmeter angegebene Menge durch zehntausend zu teilen und das Ergebnis mit 38 zu multiplizieren, um die exakt richtige Menge für eine Bodenoberfläche von 38 Quadratzentimetern zu erhalten. Die 38 Quadratzentimeter ergeben sich aus der Berechnung der Grundfläche der zylindrigen Plastikuntertöpfe (r=3.5) mit Hilfe der Kreisflächenberechnungs-Formel $\pi * r^2$. Das Ergebnis dieser Rechnung liegt allerdings nur bei einigen Milligramm.

Die Referenzprobe wird unverändert gelassen.

Beobachtungen aller Art werden durch Fotos oder Notizen festgehalten.

2.5 Versuchshypothese

Wie bereits zuvor erwähnt, entspricht es nur der Logik, wenn die Düngemittel auf die Pflanzen eine positive Wirkung haben. Rindenmulch soll aber vor allem vor Schädigungen durch Unkraut oder Bodenaustrocknung schützen[6], weswegen seine Wirkung bei Zimmerpflanzen nicht besonders stark sein dürfte. Stickstoffdünger erhöht das Angebot an Stickstoff, einem Hauptnähstoff der Pflanzen, in der Umgebung der Pflanzen. Die Referenzprobe erhält keine zusätzlichen Wachstumshilfen, weswegen sie in der auf der Packung angegeben Zeit die auf der Packung angegebene Höhe erreichen müsste. Die Pflanzen im Topf mit Rindenmulch müssten ein ähnliches Verhalten zeigen und eventuell etwas schneller wachsen oder etwas größer werden. Die Kresse aus dem Topf mit Stickstoffdüngemittel müsste allein nach den Prinzipien der von mir angewandten Logik am schnellsten wachsen und könnte auch größer werden, als auf der Verpackung angegeben. Im Normalfall führt Düngen allerdings nicht zu Übergröße von Pflanzen, sondern die Pflanzen reagieren

---

[6]Vgl. www.moda-hum.de/rindensubstrate/rindenmulch Zugriff: 27.1.13/ 15.50 Uhr

„auf die Zufuhr von Nährstoffen mit einem raschen Wachstum".[7] Daraus ergibt sich die Erwartung, dass vor Ablauf der 14-tägigen Wachstumsfrist die mit Blaukorn gedüngten Pflanzen am größten sein werden. Möglicherweise sind während dieser Phase die mit Rindenmulch gedüngten etwas größer als die Referenzpflanzen, jedoch sollte der Unterschied minimal sein.

3. Beobachtungen

Es folgen nun die reinen Beobachtungen, die ich während der Versuchszeit gemacht habe, ohne Ansätze der Auswertung. Gegliedert sind die Beobachtungen nach Tagen, beginnend mit dem Tag der Aussaat als Tag eins. Alle Belegfotos befinden sich im Anhang unter „digitalem Material - Fotos".

3.1 Beobachtungen am Tag der Aussaat (1. Tag)

Nachdem die Aussaat erfolgt ist, lässt sich zunächst nichts Auffälliges beobachten. Aber schon nach ungefähr sieben Stunden sind kleine weiße Keime zu sehen (vgl. Bilder 1-3).

3.2 Beobachtungen am 5. Tag

Bis zu diesem Tag liegt bei allen drei Proben ein gleichmäßiges Pflanzenwachstum vor. Eine Höhe von 5 cm ist erreicht, weswegen um 15.00 Uhr der Düngemitteleinsatz erfolgt. Zu diesem Zeitpunkt sehen noch alle Pflanzen gesund aus, die Farbe ist ein kräftiges grün, die Blätter sind rund und die Stängel gerade (vgl. Bilder 4-7). Auch zwei Stunden später sehen die Kressepflanzen mit Rindenmulch und die Pflanzen ohne Dünger unverändert aus (vgl. Bilder 8+10). Dagegen liegen die Pflanzen, die mit Blaukorn gedüngt wurden, nach besagten zwei Stunden in sich zusammengefallen am Boden (vgl. Bild 9).

3.3 Beobachtungen am 10. Tag

Circa drei Viertel der Versuchszeit sind vorüber und sowohl die Rindenmulch-Pflanzen als auch die Referenz-Pflanzen haben eine Größe von 8 cm erreicht (vgl. Bilder 11+12). Sie sehen nach wie vor gesund aus. Anders die Blaukorn-Pflanzen. Diese liegen seit fünf Tagen am Boden, wobei ihre Farbe immer weiter von dunkelgrün auf hellgrün umschlägt und sich an den Blättern braune Stellen zeigen (vgl. Bild 13).

3.4 Beobachtungen am 14. (letzten) Tag

Am letzten Tag des Versuchs sind die Pflanzen, die mit Rindenmulch gedüngt wurden, 13 cm groß. Die Pflanzen der Referenzprobe sind 11 cm groß geworden (vgl. Bilder 14+15). Alle Pflanzen des

---

[7]Scheffer/Schachtschabel: 2010, Seite 112

Blaukorntopfes sind derweil gänzlich eingegangen und die bräunliche Färbung hat sich weiter an den Blättern ausgebreitet (vgl. Bild 16).

Die Gewichtszunahme konnte bei den Beobachtungen nicht berücksichtigt werden, da der Gewichtsunterschied, den die Kressepflanzen in den Keramiktöpfen machen, zu gering ist, als dass er mit einer herkömmlichen Küchenwaage ermittelt werden könnte.

4. Auswertung
4.1 Grundlagen der pflanzlichen Nährstoffaufnahme

„The root system is in exchange with the soil or substrate in which the plant grows. (…) The typical functions of the roots are uptake of mineral nutrients and water. These substances must be absorbed by the root cells and distributed to the different tissues of the root and, in part, they have to be transported eventually to the shoot."[8]

In diesen Sätzen bringen die Autoren in Kurzfassung auf den Punkt, wie das Wachstum einer einer Pflanze ohne Besonderheiten jeglicher Art funktioniert: Die Wurzeln stehen im Austausch mit dem Boden, auf welchem die betreffende Pflanze wächst. Sie nehmen Nährstoffe und Wasser aus dem Boden in ihre Zellen auf, von wo aus diese dann in andere Bereiche des Sprosses transportiert werden, in denen sie benötigt werden.

Es ist allgemein bekannt, dass Pflanzen ihre Energie durch Photosynthese aus Licht beziehen, bei welcher Lichtenergie in chemische Energie in Form des Universalenergieträgers ATP (Adenosintriphosphat) umgewandelt wird. Zusätzlich benötigt eine Pflanze aber auch Nährstoffe und Wasser, um richtig zu wachsen. Da der Versuchsaufbau so konzipiert ist, dass der Aspekt der Nährstoffaufnahme im Besonderen untersucht werden soll, wird bei der Beobachtung, wie auch bei der Auswertung, die Wuchsrichtung der Pflanzen zum Licht hin (vgl. Bilder 14+15) außer Acht gelassen, da diese nicht in direktem Zusammenhang mit der Düngemittelwirkung steht.

Der für eine Pflanze wichtigste Nährstoff ist Stickstoff. Obwohl er in unserer Atmosphäre zur Genüge enthalten ist, kann er von fast allen Pflanzen (Ausnahmen sind die, die in Symbiose mit Bakterien, die zur Stickstofffixierung fähig sind, leben) nur als Salzverbindung über die Wurzeln aufgenommen werden, entweder als Nitrat- oder Ammoniumverbindung. In der Pflanze wird der Stickstoff zur Synthese von Aminosäuren und damit Proteinen und als Bestandteil der Desoxyribonukleinsäure des

---

[8]Lüttge/Higinbotham: 1979, Seite 1-2

Chlorophylls[9] benötigt und verwendet. Dieser Sachverhalt liegt der gesamten Versuchsauswertung zu Grunde.

4.2 Auswertung der Referenzprobe

Aus den Beobachtungen gehen keine außergewöhnlichen Verhaltensweisen seitens der Pflanzen hervor. Es fällt auf, dass die Samen sehr schnell keimen und bereits nach wenigen Stunden die ersten Sprösslinge zu sehen sind. Allerdings ist die Keimzeit der Kresse generell immer sehr kurz, sobald der Samen mit Wasser in Kontakt gerät, weswegen eine gesonderte Erklärung hierfür nicht notwendig ist. Trotz der Aussaat auf quasi nährstofffreiem Sand hat sich die Endgröße der Kressepflanzen, die bei elf Zentimetern lag, innerhalb der vorgegebenen Größenrichtwerte (zwischen zehn und fünfzehn Zentimetern) befunden. Das spricht für einen hohen Eigennährstoffgehalt der Samen, zu vergleichen mit Dotter in einem Ei, aus dem die Pflanzen die wichtigsten Nähstoffe, abgesehen von Wasser, entnehmen konnten. Diese genügen dem Spross im Normalfall „zu einer normalen Entwicklung".[10]

4.3 Auswertung der Rindenmulchprobe

Bei den mit Rindenmulch gedüngten Pflanzen ist die Entwicklung erst ab dem 5. Versuchstag näher zu betrachten, da erst zu diesem Zeitpunkt der Einsatz des Düngemittels erfolgt ist. Von diesem Tag an ist eine leichte Verbesserung des Wachstums eingetreten, die schließlich darin gipfelt, dass alle Pflanzen aus diesem Topf die Pflanzen der Referenzprobe am Ende der Versuchszeit um zwei Zentimeter überragen, was voraussetzt, dass die Größe von elf Zentimetern schneller erreicht wurde. Eine Übergröße liegt allerdings auch hier nicht vor. Bei einer Gesamtgröße von dreizehn bzw. elf Zentimetern ist zwei Zentimetern schon ein relativ deutlicher Unterschied. Dieser lässt sich kaum dadurch erklären, dass Rindenmulch vor Unkraut schützt, denn auch im Topf der nicht gedüngten Pflanzen konnte kein Unkraut gefunden werden. Die Anfangshypothese wurde also teilweise widerlegt. Um dies nun erklären zu können, war weitere Recherche über Rindenmulch notwendig. Das Ergebnis ist recht simpel: „Rindenmulch wird mit der Zeit zersetzt"[11] und das Produkt dieser Zersetzung ist Humus. Denn Rindenmulch besteht aus gepresster, fermentierter Baumrinde und Humus ist die Art von Boden, die aus organischen Zersetzungsprodukten besteht. Humus ist reich an Stickstoff. Da die Zersetzung des Mulches innerhalb von 14 Tagen gering gewesen sein muss, hat diese minimale Erhöhung der Umgebungsstickstoffkonzentration zum schnelleren Wachstum und dem früheren Erreichen einer größeren Höhe bei den mit Rindenmulch gedüngten Pflanzen geführt.

---

[9]vgl. Adam/Eliyazici: https://en.fh-
    muenster.de/fb1/downloads/personal/juestel/juestel/Stickstofffixierung_in_Pflanzen_AbduselamAdam-
    MuhammedEliazici_.pdf, Zugriff: 2.2.13/ 13.46 Uhr
[10]Fomin/Oehlmann/Markert: 2003, Seite 167
[11]Dorsch: 2005, Seite 49

Die Hypothese war also wegen mangelhaften Wissens über die Eigenschaften des Rindenmulchs fehlerhaft.

4.4 Auswertung der Blaukornprobe

Das Ergebnis dieser Probe ist das mit Abstand überraschendste. Laut meiner Hypothese sollten die mit Blaukorn gedüngten Pflanzen das beste Wachstum zeigen. Am 5. Tag vor Einsatz des Düngers wiesen die Pflanzen noch keinerlei Merkmale auf, die etwas anderes hätten vermuten lassen. Doch bereits zwei Stunden nach Einsatz des Düngemittels sahen die Pflanzen krank aus und lagen am Boden. Nach weiteren Tagen waren die Blätter bräunlich gefärbt. Das komplette Gegenteil der Hypothese ist eingetreten. Dafür ist nur eine Erklärung möglich.

Wie schon erwähnt war es mir nicht möglich, die vom Blaukornhersteller auf der Verpackung empfohlene Menge an Dünger abzuwiegen. Aufgrund der ungenauen Abwiegemöglichkeiten war ich gezwungen, stark aufzurunden. Daher ist der desolate Zustand der Pflanzen aus diesem Topf höchstwahrscheinlich Folge einer Überdüngung. Ein weiterer Hinweis darauf ist die Braunfärbung der Blätter. Sie ist ein Anzeichen für eine „Überdüngungsverbrennung". [12] Eine solche Überdüngungsverbrennung resultiert aus einer Übersättigung an Salz, als welches der Stickstoff aufgenommen wird, außerhalb der pflanzlichen Zellen. Die Zelle wird hypertonisch, das bedeutet, sie zieht sich stark zusammen, da ihr Wasser entzogen wird, wobei die Chloroplasten zerstört werden und sich das Blatt braun färbt. Eine zu hohe Konzentration mineralischer Dünger hat also eine Schädigung der Pflanzen zur Folge. Die gleiche Düngerkonzentration hätte aber bei Pflanzen, die einen höheren Stickstoffbedarf haben (keine Kräuter), keine negativen Reaktionen der Pflanze ausgelöst, sondern der Dünger hätte seine vorgesehene Wirkung entfalten können.

5. Folgen von Düngemitteln für unsere Welt

Wir konnten nun beobachten und nachvollziehen, welche Wirkung ein organischer und ein mineralischer Dünger auf Kresse haben. Doch noch sind nicht alle Fragen, die ich mir vor Beginn meiner Facharbeit gestellt habe, beantwortet. Die Ergebnisse des Versuchs kann ich allerdings jetzt nutzen, um auf meine Ausgangsfragestellungen erneut Bezug zu nehmen und weitere Erläuterungen zu Eigenschaften der getesteten Düngemittel anzubringen.

---

[12]Splisteser/Berkhoff: https://en.fh-muenster.de/fb1/downloads/personal/juestel/juestel/Stickstofffixierung_in_Pflanzen_AlmutSplisteser-MiriamBerkhoff_.pdf, Zugriff: 2.2.13, 20.12 Uhr

5.1 Vorteile von organischem Dünger

Trotz der besorgniserregenden Auswirkungen des Blaukorns dürfen die positiven Auswirkungen, die ein Düngemittel haben kann, was der Rindenmulch bewiesen hat, nicht völlig unter den Tisch fallen gelassen werden. Organische Dünger haben dadurch, dass sie allein aus organischen Überresten gewonnen werden, keine negativen Folgen für unsere Umwelt.

Im Gegenteil, sie haben auch positive Auswirkungen auf Bodenorganismen, die dafür sorgen, dass der Boden nachhaltig fruchtbar ist, was die Wahrscheinlichkeit von Bodenerosion verringert und die Chance einer Überdüngung ist verschwindend gering. Deshalb können sie unter anderem auch zur Düngung von Kresse oder anderen Kräuterpflanzen, die nur wenig Stickstoff benötigen, bedenkenlos eingesetzt werden. Obwohl diese Eigenschaft aus meinem Versuch nicht hervorging, bietet Rindenmulch einen guten Schutz vor Unkraut, wie bereits in der Hypothese erwähnt. Außerdem ist organischer Dünger in der tradierten Landwirtschaft eine bewährte Methode, organische Reste des Betriebes (Dung, Pflanzenreste, Kompost) in den Kreislauf zurückzuführen. Im Übrigen wird nicht nur der Kreislauf von Dünger und Pflanzen aufrechterhalten, sondern mit ihm auch der Stickstoffkreislauf.[13]

5.2 Nachteile von organischem Dünger

Nach all diesen Vorteilen sollte eigentlich nur mit organischen Düngemitteln gedüngt werden. Aber, wie bei so vielem, gibt es einen Haken: Es dauert seine Zeit, bis der natürliche Dünger hergestellt ist. Zeit, die Landwirte nicht haben, da sie ihr Angebot nach der Nachfrage aus der Bevölkerung richten müssen. Die Nachteile beziehen sich hier also ausschließlich auf die Menge der Erträge bei Einsatz des Düngers in landwirtschaftlichen Großbetrieben, für die Umwelt birgt organischer Dünger keine Nachteile.

5.3 Vorteile von mineralischem Dünger

Dort, wo die Nachteile des organischen Düngers liegen, beginnen die Vorteile des mineralischen Düngers. Mineralische Düngemittel sind leicht in großen Mengen herzustellen und sie sind auch, wie ich selbst festgestellt habe, deutlich einfacher und schneller auf dem Markt zu bekommen. Dadurch, dass Stickstoff in diesen Düngern hoch konzentriert enthalten ist, können Pflanzen, die sonst nur auf sehr stickstoffreichen Böden wachsen könnten, wie zum Beispiel Brennnesseln, auf jedem beliebigen Boden gedeihen. Die wachstumsbeschleunigende Wirkung tritt durch die hohe Konzentration bei allen Pflanzen, die viel Stickstoff benötigen, sehr schnell ein. Für die Ernährung der wachsenden Weltbevölkerung sind Dünger wie das Blaukorn deswegen von essentieller Bedeutung.

---

[13]siehe Anhang „digitales Material - Stickstoffkreislauf"

5.4 Nachteile von mineralischem Dünger

Es gibt vier Hauptnachteile, die der Einsatz von mineralischem Dünger mit sich bringen kann. Erstens neigen die Menschen aufgrund der vielen Vorteile zur Überdüngung, was, wie der Versuch gezeigt hat, zum Absterben der Pflanzen führen kann. Zweitens fördern mineralische Dünger das Bestehen von Bodenorganismen nicht, wodurch der Boden mit der Zeit erschöpft wird und zerstört wird, zu vergleichen mit den Auswirkungen einer Monokultur über viele auf einen Boden, die diesem immer nur die gleichen Nährstoffe entzieht. Drittens führt die hohe Bioverfügbarkeit[14] des Stickstoffes dazu, dass die Qualität der Ernteerträge sinken kann. Deswegen haben manche Tomaten aus den Niederlanden beispielsweise keinen Geschmack.

Der letzte Nachteil, der hier genannt werden muss, ist noch deutlich schwerwiegender und weitreichender als die vorangegangenen. Durch den Einsatz von synthetisch mit Stickstoffsalzen angereicherten Düngemitteln wird das Gleichgewicht des Stickstoffkreislaufes gestört.[15] Durch den Boden hindurch gelangen die Salze ins Grundwasser und so in die Seen und Flüsse. Wegen des ansteigenden Stickstoffangebots steigt der Algenwuchs in den Gewässern. Algen entziehen dem Wasser Sauerstoff, wodurch Fische und andere Lebewesen sterben. Die Nachteile der mineralischen Dünger beziehen sich also weniger auf den industriellen und mehr auf den ökologischen Aspekt.

6. Schluss

Als Resümee lässt sich also Folgendes sagen: Pflanzen benötigen während ihres Wachstums zur Herstellung von Proteinen und Nukleinsäuren Stickstoff, den fast alle Pflanzen nicht aus der Atmosphäre aufnehmen können, sondern nur in Verbindungen (meistens als Nitrat, selten auch als Ammonium). Mineralische Dünger erhöhen das Stickstoffangebot im Boden, organische Dünger tun dies nur bedingt, sie schützen eher vor Unkraut und fördern die Bodenbiotope. Aber nicht alle Pflanzen benötigen die gleiche Menge an Stickstoff.

Wenn man unbedingt Pflanzen düngen möchte, die dies eigentlich nicht erfordern (z.B. Kresse), sollte man nur zu organischen Düngern greifen, um eine Überdüngung zu vermeiden. Zudem sollte sowohl in Großbetrieben als auch im eigenen Garten immer darauf geachtet werden, dass die vom Hersteller beim mineralischen Dünger angegebenen Grenzwerte nicht überschritten werden. Auch für mögliche folgende Experimente ist dies zu berücksichtigen, da durch die falsche Dosis Blaukorn im Endeffekt nicht ermittelt werden konnte, durch welchen Dünger wirklich die größte Wachstumsverbesserung bei Kresse bewirkt wird.

Beide getesteten Düngemittelarten haben ihre Vor- und Nachteile, wobei organische Dünger zwar

---

[14]Bioverfügbarkeit ist eine Messgröße, die angibt, wie schnell und wie viel eines Substrates in einen Organismus aufgenommen werden kann.
[15]siehe Anhang „digitales Material – Stickstoffkreislauf" (vgl. Fußnote „14")

besser für die Umwelt sind, allerdings sind sie wegen ihrer limitierten Verfügbarkeit und den geringeren Ernteerträgen gegenüber den mineralischen Düngern diesen in der Agrarwirtschaft unserer heutigen Konsumgesellschaft unterlegen.

Wie so oft ist die einfachere Variante auch beim Einsatz von Düngemitteln nicht die beste für unsere Umwelt. Um einer vollkommen destruktiven Langzeitwirkung durch mineralische Düngemittel vorzubeugen, hat die Industrie den Versuch gestartet, „organisch-mineralische Düngemittel"[16] herzustellen, die die besten Eigenschaften der beiden Arten kombinieren sollen. Erste Produkte sind schon auf dem Markt erhältlich, aber durch den organischen Anteil sind die rein mineralischen Dünger diesen Neuerfindungen preistechnisch noch überlegen. Es bleibt zu hoffen, dass trotz leicht erhöhter Kosten, die Erhaltung unseres Planeten früher oder später, aber besser früher, auch in der Landwirtschaft, die immerhin gänzlich von den Böden der Erde abhängig ist, bald wieder an erster Stelle stehen wird.

---

[16]http://www.rasenblog.de/?p=259, Zugriff: 4.2.13, 13.24 Uhr

7. Literaturverzeichnis

Textquellen (Bücher)

1.1 DORSCH, Matthias: Gartenduell einfach schön. Machen Sie mehr aus Ihrem Garten!, Schlütersche Verlagsgesellschaft mbH & Co. KG Hannover 2005

1.2 FOMIN, Dr. Anette; OEHLMANN, Prof. Dr. Jörg; MARKERT, Prof. Dr. Bernd: Praktikum zur Ökotoxikologie. Grundlagen und Anwendungen biologischer Testverfahren, WILEY-VCH Verlag GmbH & Co. KGaA Weinheim 2003

1.3 LÜTTGE, Ulrich; HIGINBOTHAM, Noe: Transport in Plants, Springer Verlag New York, Heidelberg, Berlin 1979

1.4 SCHEFFER, Friedrich Wilhelm; SCHACHTSCHABEL, Paul Otto: Scheffer/Schachtschabel: Lehrbuch der Bodenkunde, Spektrum Akademischer Verlag Heidelberg 2010 (16. Auflage, Erstauflage von 1937)

1.5 VON HEINTZE, Florian: Pflanzen und Umwelt, Wissen Media Verlag GmbH Gütersloh/München und Axel Springer AG Hamburg 2006

Textquellen (Internet)

2.1 ADAM, Abdulselam; ELIYAZICI, Muhammed: https://en.fh-muenster.de/fb1/downloads/personal/juestel/juestel/Stickstofffixierung_in_Pflanzen_AbduselamAdam-MuhammedEliazici_.pdf (Zugriff 2.2.13, 13.46 Uhr)

2.2 http://de.wikipedia.org/wiki/D%C3%BCnger#Geschichte_des_D.C3.BCngers (Zugriff 24.1. 13, 18.34 Uhr)

2.3 http://de.wikipedia.org/wiki/Standardbedingungen (Zugriff 24.1.13, 19.24 Uhr)

2.4 http://de.wikipedia.org/wiki/Stickstoffkreislauf (Zugriff 6.2.13, 18.23 Uhr)

2.5 http://www.nitrat.de/Pflanzen/pflanzen.html (Zugriff 2.2.13, 13.07 Uhr)

2.6 http://www.rasenblog.de/?p=259 (Zugriff 4.2.13, 13.25 Uhr)

2.7 SPLISTESER, Almut; BERKHOFF, Miriam: https://en.fh-muenster.de/fb1/downloads/personal/juestel/juestel/Stickstofffixierung_in_Pflanzen_AlmutSplisteser-MiriamBerkhoff_.pdf (Zugriff 2.2.13, 20.12 Uhr)

2.8 www.moda-hum.de/rindensubstrate/rindenmulch (Zugriff 27.1.13, 15.50 Uhr)

Bildquellen

SPLISTESER, Almut; BERKHOFF, Miriam: https://en.fh-muenster.de/fb1/downloads/personal/juestel/juestel/Stickstofffixierung_in_Pflanzen_AlmutSplisteser-MiriamBerkhoff_.pdf (Zugriff 2.2.13, 20.12 Uhr)

1. Der Stickstoffkreislauf

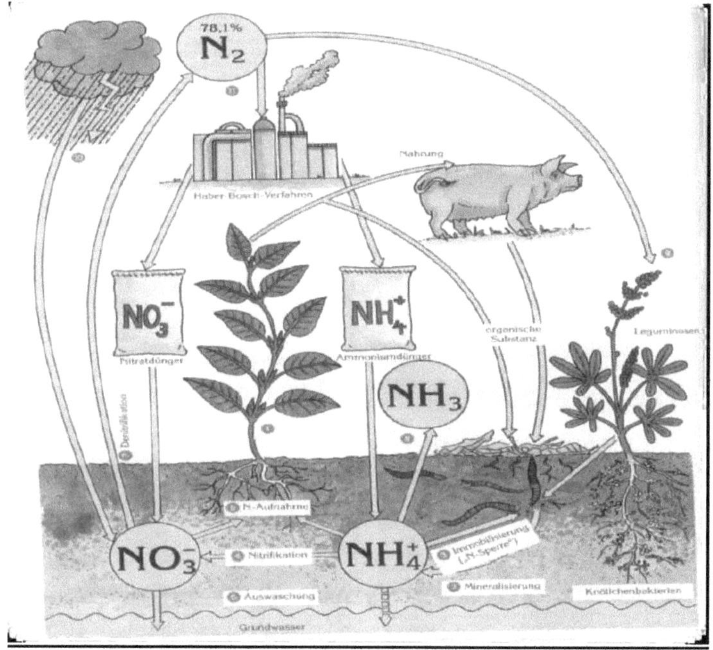

SPLISTESER, Almut; BERKHOFF, Miriam: https://en.fh-muenster.de/fb1/downloads/personal/juestel/juestel/Stickstofffixierung_in_Pflanzen_AlmutSplisteser-MiriamBerkhoff_.pdf

Erklärung der Grafik:

Die obenstehende Abbildung zeigt den Stickstoffkreislauf auf der Erde mit Einbezug der menschlichen Eingriffe in diesen. Wie auch andere Stoffe, z.B. Kalk, befindet sich die unveränderliche Menge Stickstoff der Welt in einem Kreislauf, wodurch derselbe Stickstoff im Laufe der Zeit schon von den verschiedensten Lebewesen verwendet wurde.

In der Erdatmosphäre befinden sich 10^{15} Tonnen Stickstoff (78,1 % unserer Atemluft) als Dinitrogen (N_2). Diese Form des Stickstoffs ist sehr reaktionsträge, da die beiden Atome über eine kovalente Dreifachbindung verbunden sind. Pflanzen können den Stickstoff so nicht nutzen, aber es gibt drei Wege, Stickstoff für Pflanzen nutzbar zu machen.

Einige Pflanzen leben in Symbiose mit Bakterien, die die Fähigkeit besitzen, den Stickstoff zu fixieren und ihn für die Pflanzen zugänglich zu machen (in der Grafik symbolisiert durch die Pflanzen mit den lilafarbenen Blüten rechts und das Wort „Knöllchenbakterien").

Die zweite Methode ist ebenfalls natürlichen Ursprungs. Während eines Gewitters können Blitze genug Energie aufbringen, um die Bindung zweier N-Atome zu brechen (dargestellt durch die Gewitterwolke). Die neu entstandenen einzelnen Stickstoffatome binden an den Luftsauerstoff und reagieren so zu NO_2. Bei einer Reaktion mit Wasser bildet sich Salpetersäure, die währen eines Gewitters in sehr schwacher Konzentration mit dem Regen auf den Boden gelangt. In der Erde wird diese dann zu Nitrat umgewandelt, welches die Pflanzen bevorzugt als Stickstofflieferant über ihre Wurzeln aufnehmen.

Eine dritte Methode hat der Mensch durch seinen technischen Fortschritt ins Spiel gebracht. Die Stickstoffverbindungen Ammonium und Nitrat, die in mineralischen Düngern verwendet werden (in der Abbildung NH_4^+ und NO_3^-), werden in Fabriken mit Hilfe des Haber-Bosch-Verfahrens hergestellt (siehe Fabrikgebäude). Dabei wird in einem Reaktor ein Stickstoff-Wasserstoffgemisch mit einem Mischverhältnis von 1:3 mit α-Eisen als Katalysator bei einem Druck von ca. 300 bar und einer Temperatur von ca. 500 °C zur Reaktion gebracht. Das Produkt dieser Reaktion ist Ammoniak, aus welchem man leicht seine konjugierte Säure Ammonium und Nitrat herstellen kann.

Ammonium wird in der Erde von Bakterien durch Nitrifikation teilweise zu Nitrat umgewandelt, welches Pflanzen leichter aufnehmen können. Wenn Pflanzen den Stickstoff aufgenommen haben, dienen sie fortan selbst als Stickstofflieferant für Tiere (siehe Schwein) und, falls sie nicht gefressen werden, erneut für den Boden, nachdem sie verwelkt sind. Die N-Immobilisierung, die auch auf der Abbildung erwähnt wird, ist im Hinblick auf die Wirkung von Düngern für den Stickstoffkreislauf nicht relevant. Der Begriff bezeichnet eine kurzfristige Festlegung des mineralisierten Stickstoffs, die Eintritt, wenn die Umgebung zu stark mit Kohlenstoff angereichert ist.

Nun zu den Auswirkungen der mineralischen Dünger auf den Kreislauf. Ein Teil des mineralisierten Stickstoffs wird durch Denitrifikation wieder in die Form des Dinitrogens versetzt. Wie auf der Grafik deutlich zu erkennen ist, gelangt der Rest des Überflüssigen Stickstoffs durch Auswaschung ins Grundwasser, wo er im Falle einer vorherigen Überdüngung die im Hauptteil genannten Konsequenzen verursacht. In Deutschland wird deswegen regelmäßig der Nitratgehalt aller Gewässer überprüft.

2. Versuchsfotos

Abbildung 2: 1) 3.1.13 Tag der Aussaat - Referenzprobe

Abbildung 3: 2) 3.1.13 Tag der Aussaat - Rindenmulchprobe

Abbildung 4: 3) 3.1.13 Tag der Aussaat - Stickstoffprobe

Abbildung 5: 4) 8.1.13 5. Tag 15.00 Uhr - alle drei

Abbildung 6: 5) 8.1.13 5. Tag 15.00 Uhr - Referenzprobe

Abbildung 7: 6) 8.1.13 5. Tag 15.00 Uhr - Rindenmulchprobe

Abbildung 8: 7) 8.1.13 5. Tag 15.00 Uhr - Stickstoffprobe

Abbildung 9: 8) 8.1.13 5. Tag 17.00 Uhr - Referenzprobe

Abbildung 10: 9) 8.1.13 5. Tag 17.00 Uhr - Rindenmulchprobe

Abbildung 11: 10) 8.1.13 5. Tag 17.00 Uhr – Stickstoffprobe

Abbildung 12: 11) 13.1.13 10. Tag - Referunzprobe

Abbildung 13: 12) 13.1.13 10. Tag - Rindenmulchprobe

Abbildung 14: 13) 13.1.13 10. Tag - Stickstoffprobe

Abbildung 15: 14) 17.1.13 14. und letzter Tag - Referenzprobe

Abbildung 16: 15) 17.1.13 14. und letzter Tag - Rindenmulchprobe

Abbildung 17: 16) 17.1.13 14. und letzter Tag - Stickstoffprobe